欢迎来到举世闻名的“鞋盒剧院”，今晚的节目是

地球上不可错过的精彩演出

生命简史

[英] 米妮·格雷 文图
朱 墨 译

贵州出版集团 贵州人民出版社

鞋盒剧院舞

这里是
剧院侧翼，
我们将从这里
近距离观看演出
（和蚂蚁安妮卡一起）。

这里是主舞台，
剧团演员们
将在这里演绎
地球生命的传奇。
（请先读这一条哦。）

今晚的表演者有
皮埃尔、锡德里克、加里、玛利亚、
阿朗佐、布伦希尔达，还有埃德娜。

和观众们打个招呼吧，演员们！

*时间卷尺上的“MYA”意为“百万年前”。

舞台下方是乐池。

安东、阿纳托尔和安妮特在这里负责展示时间卷尺。

时间卷尺小队，和观众们问个好吧！

46
亿年前

4590 MYA
4591 MYA
4592 MYA
4593 MYA
4594

亿年前

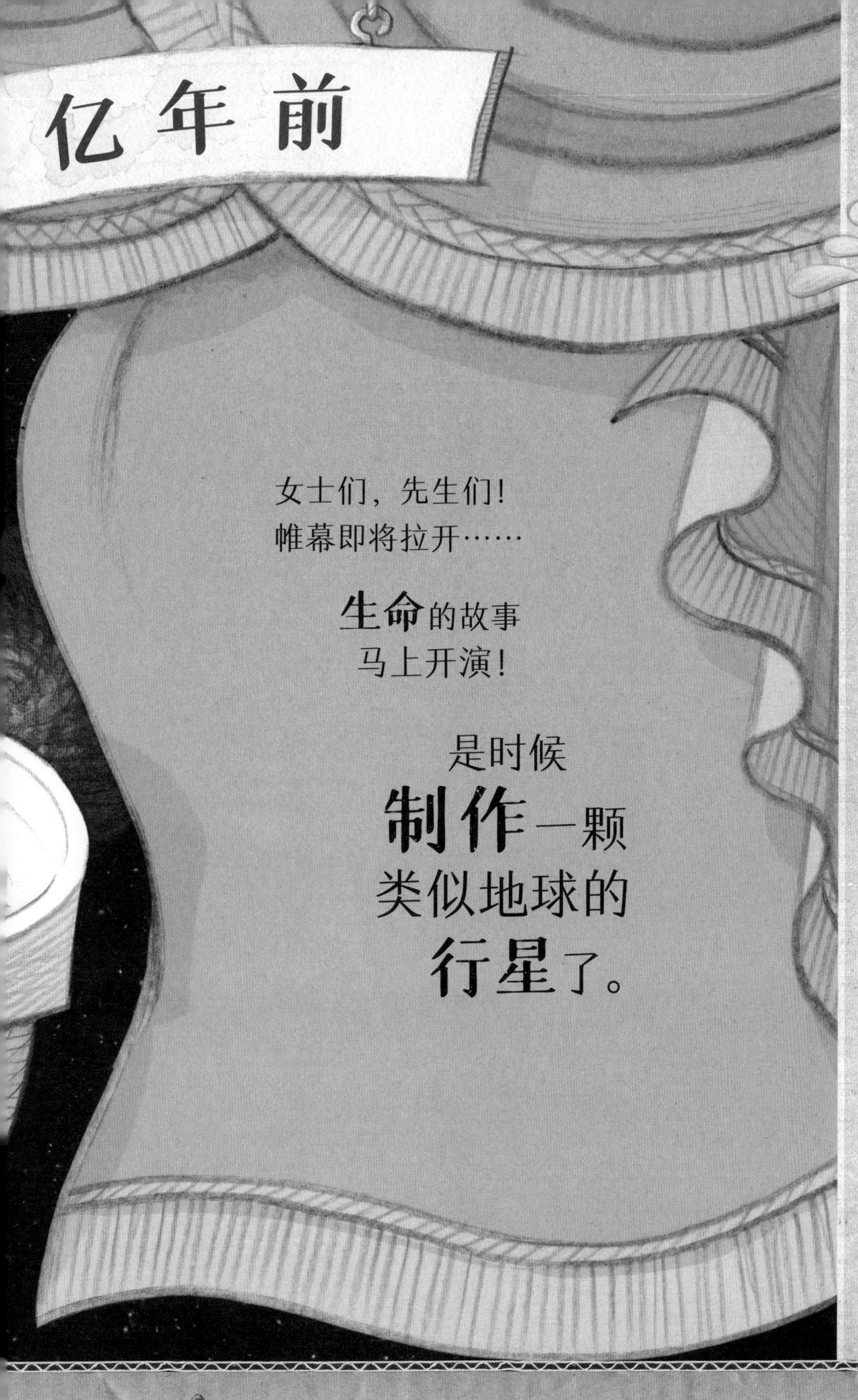

女士们，先生们！
帷幕即将拉开……

生命的故事
马上开演！

是时候
制作一颗
类似地球的
行星了。

怎样做出一颗类地行星？

把所有原料放进宇宙大厨牌搅拌机里，调到超高速档，直到原料被搅得滚烫，形成一团熔化的混合物。

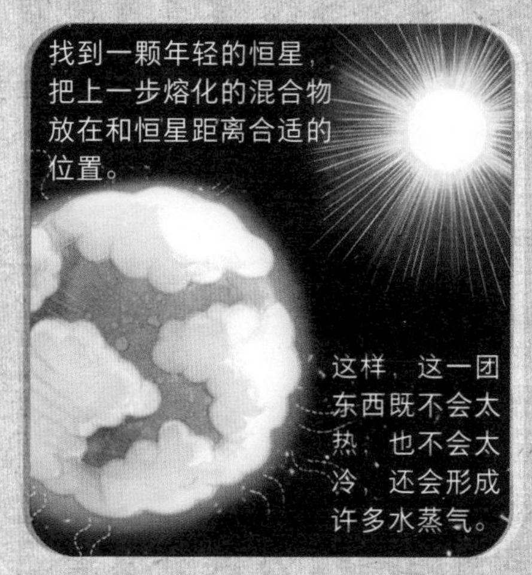

等这团东西冷上几亿年，就会形成一层金褐色的外壳，水蒸气也会一点点沉降在外壳上……

水蒸气最后冷凝成充满水的海洋。

1

时间卷尺上的
每1厘米代表100万年。

如何保护你的新世界？

你需要
乖巧的行星邻居，

它们有
稳定的
运行轨道。

你需要
一颗月球来稳定你的
轨道和自转。

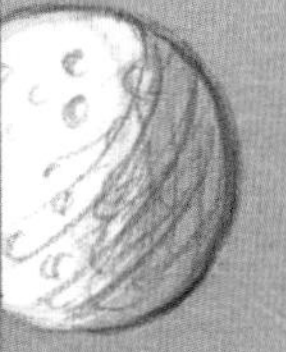

你还需要
磁场，

来保护
自己不受
太阳风的
影响。

不然太阳风会偷走
你这颗新行星上的所有水分。

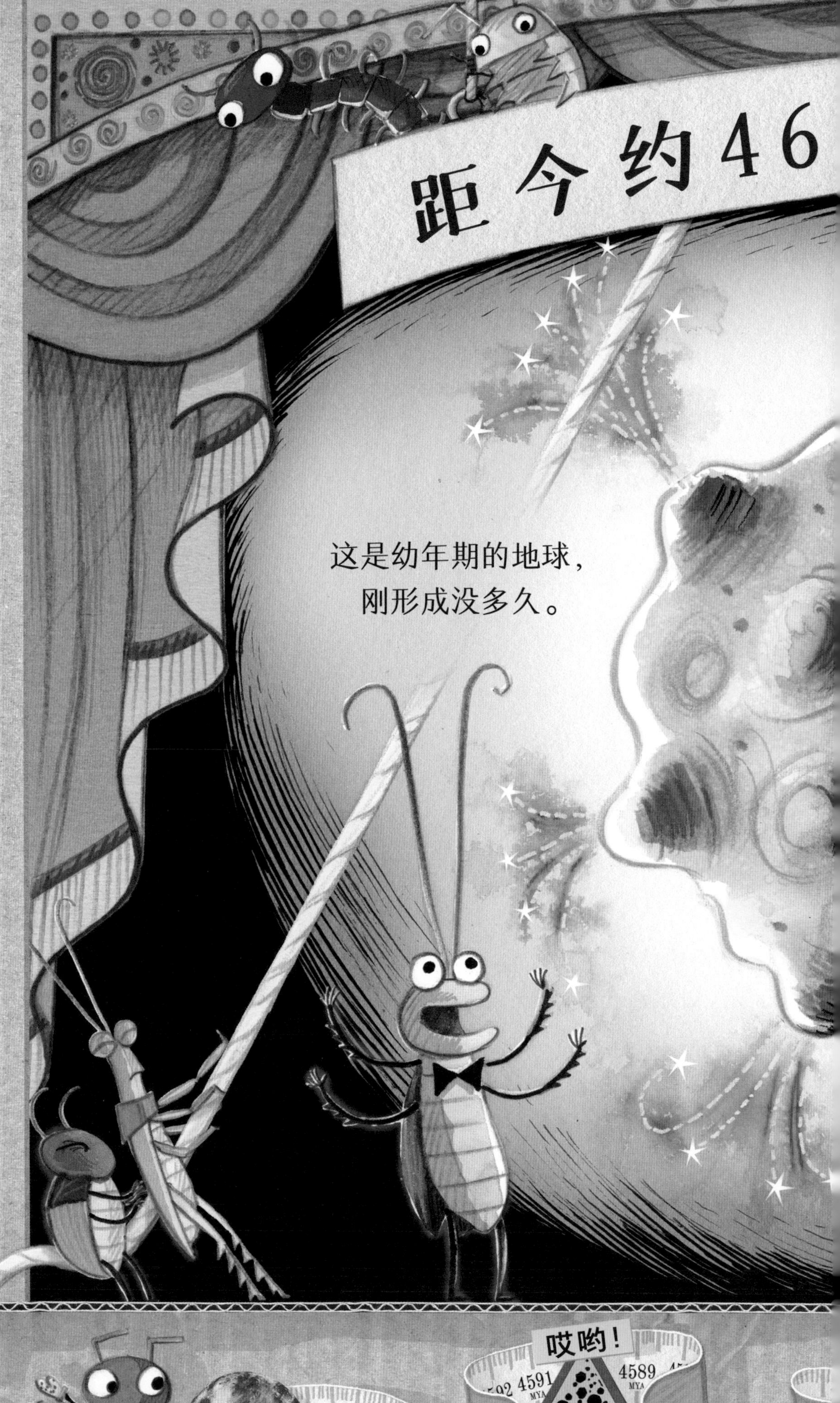

这是幼年期的地球，
刚形成没多久。

亿年前

它又热又活跃，
表面都是熔岩。

如何保护你的新世界？

你还需要和太阳保持适当的距离。

靠得太近，

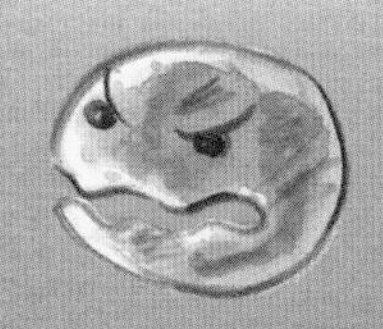

就成了**金星**——热死了！

离得太远，
又会变得和**火星**一样——冷得要命。

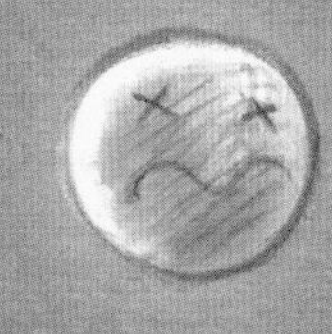

微生物的世界

让我们回到38亿年前。
那时地球还不满10亿岁，
但类似生命的东西
已经出现了。

当时，地球表面覆盖着
一层又浅又咸的海洋
（几乎没有陆地），
生命就是在海洋里
诞生的。

最早出现的生命
是一种能够自我复制的分子。
它们很可能聚集在
炎热的火山口周围，
因为那里有许多矿物质
供它们使用。

这些分子给自己制作了
用来栖身的保护壳。
就这样，它们变成了
单细胞微生物。

亿年前

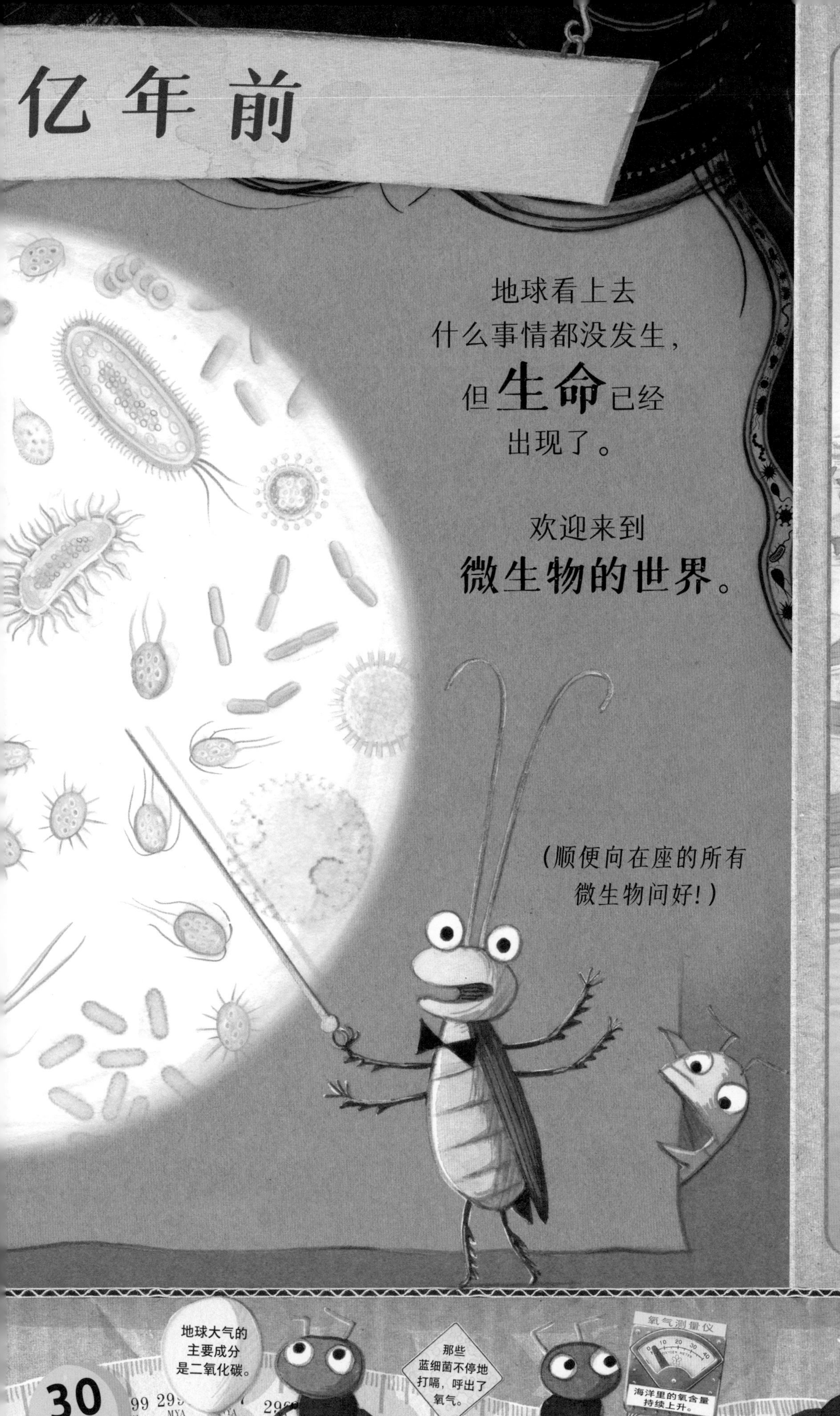

地球看上去
什么事情都没发生，
但**生命**已经
出现了。

欢迎来到
微生物的世界。

（顺便向在座的所有
微生物问好！）

微生物的世界

有些微生物会成簇、
成团或成堆地聚集在一起。
因此，它们看上去很像
又大又古老的岩石，
但实际上是一种由成群的
微生物组成的生命形态。
它们叫叠层石。

（你好，小叠叠！）

在漫长的岁月里，
叠层石一层一层地堆积起来。
新的微生物（也就是蓝细菌）
利用太阳的能量，
在最上层继续生长。
在这个过程中，
它们呼出**氧气**，
渐渐地增加了
地球大气层中的氧气含量。

地心之旅

让我们把地球切开，
瞧瞧里面的样子——
真像一块美味的布丁！

笼罩着水汽的海洋

酥脆的硬壳岩层

薄薄的洋壳

厚厚的陆壳

热乎乎的快要熔化的地幔
（伴随着不停旋转的气流）

滚烫的液态金属外核

更加炙热的
固态铁镍质内核

这是地幔柱形成的
一个热点……
小心岩浆从这里喷发！

距今约25

冉冉升起的陆地

蓝细菌
越来越多。

蓝细菌
一刻不停地
吐出氧气
泡泡。

大气中的氧气浓度
持续增加，地球上
的空气变得越来越
适合生物生存。

2547 MYA 2546 MYA 2545 MYA ... 2517 2516 MYA 2515 MYA 2514 MYA 2513 MYA 2512 MYA 2511 MYA

亿年前（上升！）

到目前为止，
整个地球几乎
一直都被水覆盖。
而现在地球足够冷却，
厚厚的地壳被推出海面，
形成了陆地。

（在这之前，地球温度实在
太高，所有的东西都被熔化了。
火山喷出的岩浆虽然形成了
陆地，却很快又沉入海底。）

它们是地球上
最早的陆地。

让我们看看海底发生了什么

这是地壳热点上的一处巨大裂口，翻滚的岩浆从里面冒出。岩浆形成新的洋壳，同时将原来的大陆进一步推开。

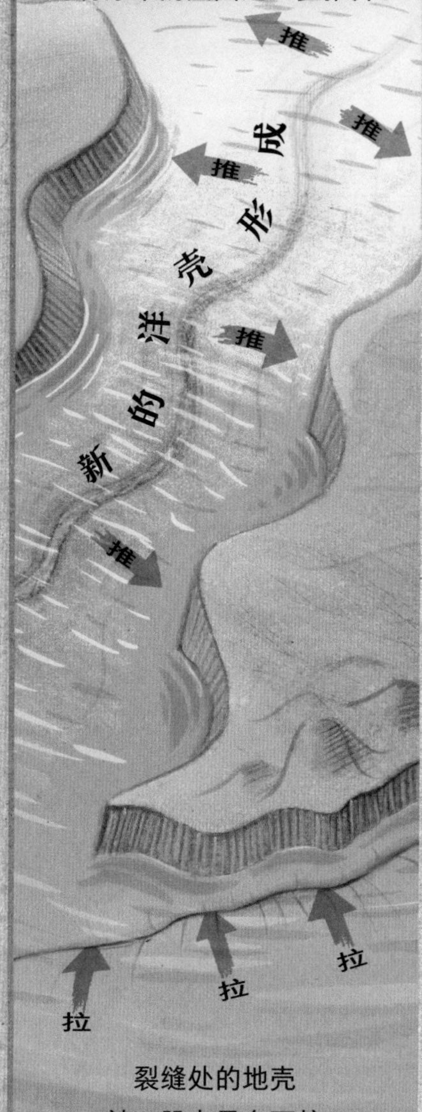

裂缝处的地壳
被一股力量向下拉。

地球上的陆地
都经历着这种
缓慢的推拉。

埃迪卡拉纪的生物

现在大约是6亿年前，
大气和海洋中的氧含量
一直在慢慢增加……
（谢谢你，小叠叠！）

在海洋深处，
生物变得越来越有趣。

瞧瞧这些家伙——
细胞聚集在一起，
构成了各种各样
的身体。

埃迪卡拉纪的生物活得很简单。

距离现在不到10亿年的时候，
生命变得越来越复杂。

欢迎来到
“水母”时代

大伙儿都滑腻腻的、软绵绵的，
还没有进化出眼睛。

6亿年前

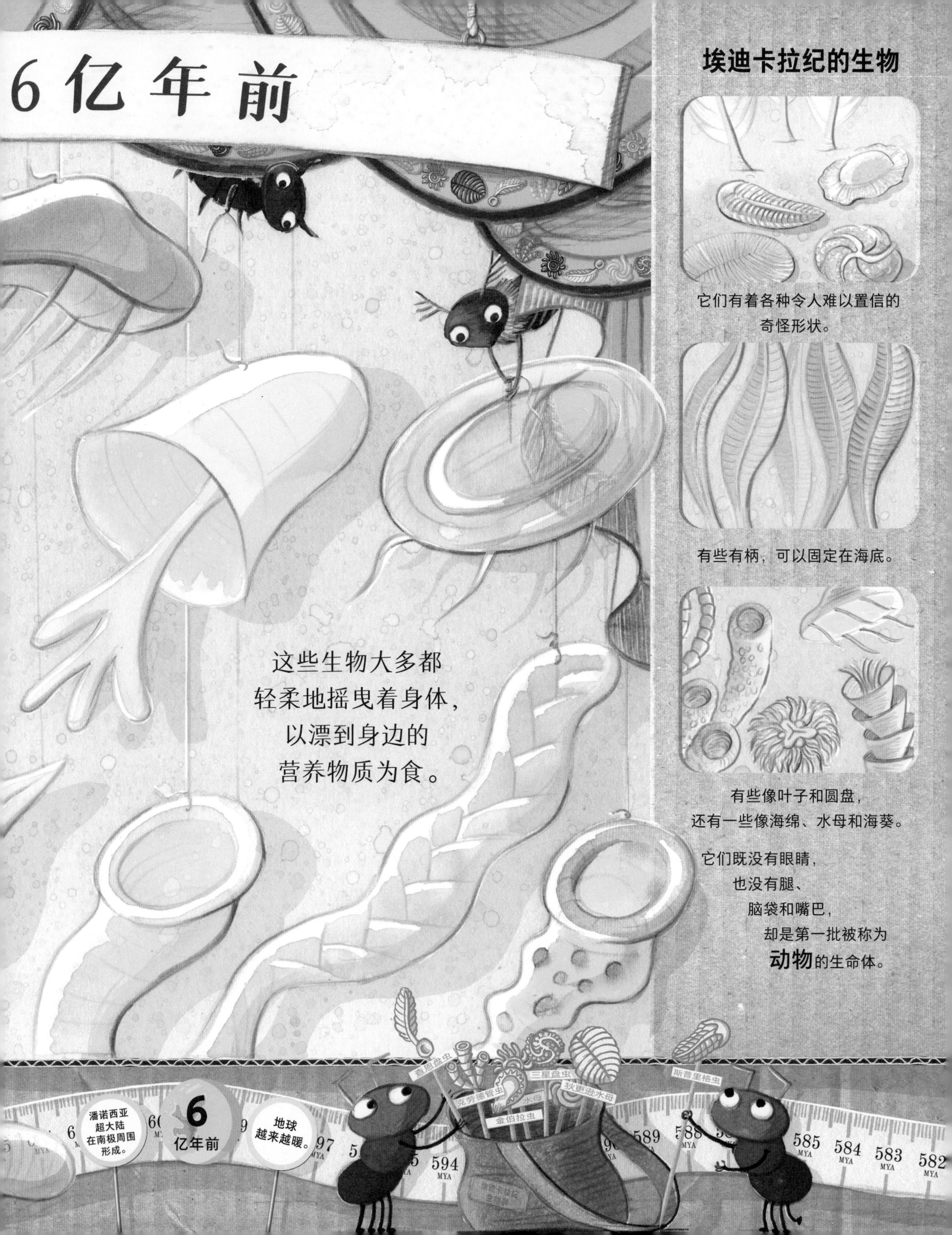

这些生物大多都
轻柔地摇曳着身体，
以漂到身边的
营养物质为食。

埃迪卡拉纪的生物

它们有着各种令人难以置信的
奇怪形状。

有些有柄，可以固定在海底。

有些像叶子和圆盘，
还有一些像海绵、水母和海葵。

它们既没有眼睛，
也没有腿、
脑袋和嘴巴，
却是第一批被称为
动物的生命体。

大约5亿年前，地球表面的
绝大部分仍然被水覆盖，
而故事就发生在水里。

看一看，瞧一瞧！
这些生物进化的速度快了许多，
也许是眼睛的功劳！

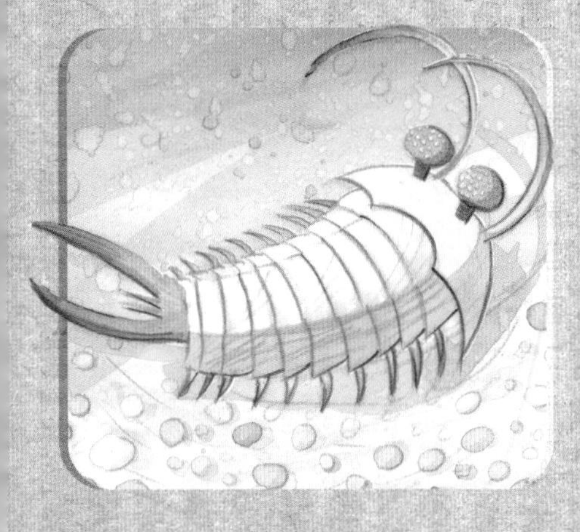

这个小家伙是三叶虫，
它可能是第一个有眼睛的动物。
它的眼睛由方解石晶体构成，
像极了透明的水晶！

那一定就是
寒武纪
生命大爆发！

新的生命形式像
爆炸一样疯狂地
涌现。

瞧瞧这些
新出现的生命！

亿年前（就是这么精确！）

你有没有听见一声巨响？

它们
长出了眼睛。

它们
长出了腿。

它们可以
快速地移动。

它们能够**捕食**
别的动物了。

这时候动物进化出了进食口，
动物有了这个器官，
就必须在身体另一端
再进化出一个排泄孔来。

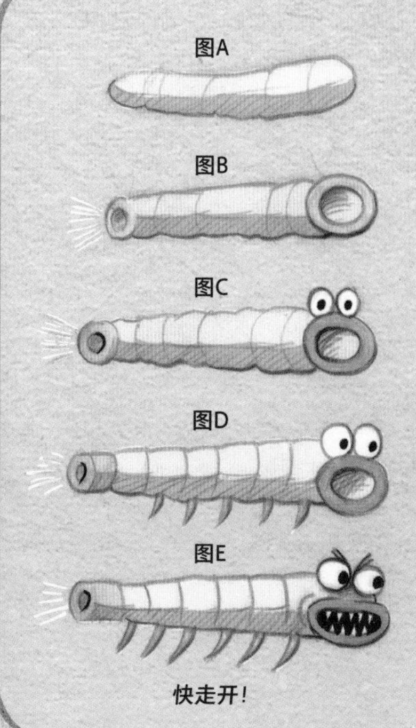

如果动物进化出眼睛，
那它一定希望眼睛长在进食口附近
（而不长在排泄孔那一端）
——于是身体就分成了前部和后部！

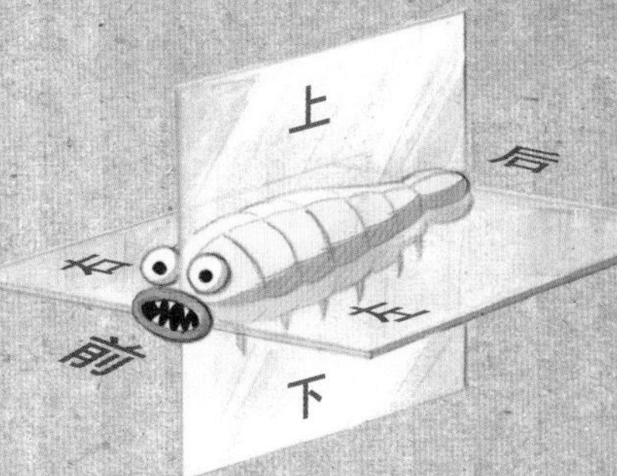

有了眼睛和进食口，
动物们就可以寻找食物啦。

赶快移动吧！这样一来，
动物的身体就产生了上、下
以及左、右——这些特征在之后的
进化中保留了下来。

5.41亿年前
欢迎来到寒武纪。
愿你度过美好的
一天。

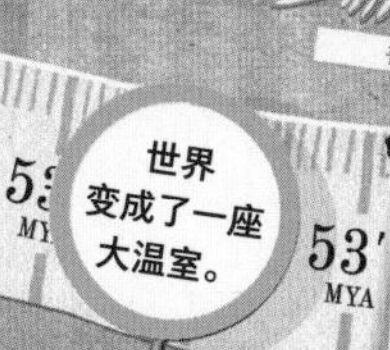

让我们和奥陶纪的动物一起潜水吧！

这时候的生物依旧栖息在水下。有群家伙还造出了新玩意儿——层层叠叠的珊瑚礁。

这片珊瑚礁里生活着海百合、海星和一些长着壳的家伙。还有许多不同的三叶虫。它们各自忙碌着……

远远地避开鹦鹉螺。

海百合

亿年前
让我们和奥陶纪的动物一起潜水吧！
这里有一个勇敢的小家伙。
它正拖着一节一节身体，
尝试往陆地上爬。
附近有一只
鹦鹉螺！
它可是顶级捕食者。
这是一只小小的直蟹
（有点儿像木虱、蝎子和
蠹虫的结合体）。
你这只小三叶虫，
快蜷着身子躲起来！
它迈出了
属于节肢动物的一小步，
向着这片广阔的、贫瘠的、
从未探索过的陆地进发。
牙形动物
萨卡班甲鱼
房角石
松卷角石
5
亿年前
495
MYA
494
MYA
温暖
而又稳定的
气候。
491
MYA
4.85亿年前
你正在进入
奥陶纪，游泳时
请注意安全！
487
MYA
生活真惬意！
到处都是温暖
的浅海，养分
也很充足。万
物生机勃勃！
479
MYA

看看这些无**颌骨**的漂亮鱼儿，它们正在志留纪的浅海中遨游……

这些鱼长着嘴巴，却没颌骨，只能吃很小的食物。

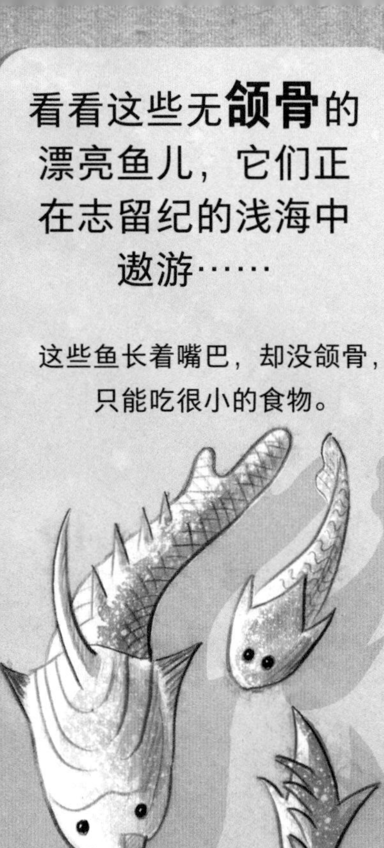

不过，也许有办法让它们咬住更大的东西……

代
约始于
4.2亿年前
张大嘴巴！**颌骨**
就这样进化
出来了。
现在，这些动物可以好好
地咬你一口了！
身上带刺的棘鱼
全副武装的盾皮鱼
最早的鲨鱼
长着肉鳍的硬骨鱼
总有一天，
肉鳍
会派上用场……
此时，
我们来到了
鱼类时代。
这位身躯庞大的老兄叫
邓氏鱼。
这是一种披着骨骼铠甲，
像怪兽一样的盾皮鱼。
那个棘鳍类小家伙，
当心！
巨型羽翅鲎
顶囊蕨
头甲鱼
437 MYA
434 MYA
430 MYA
431 MYA
425 MYA
420 MYA
地球变暖，
冰冠消融。
我们有了
一个气候温暖
的地球：冰雪
消融，海水
温暖。

植物星球
现在是
泥盆纪晚期。
总有一天，
这些植物会变成煤，
而人类也很乐意把它们
从地下挖出来。
植物开始探
在此之前，
绝大部分生物都生活在海里。
但现在，植物渐渐在地球
岩石质地的表面蔓延。
伪鲛
4.19亿年前
你已经抵达
泥盆纪。
蝎子
鳍甲鱼
蜘蛛
地球异常
温暖，二氧化
碳浓度很高。
4
亿年前
421
MYA
420
MYA
419
MYA
418
MYA
415
MYA
408
MYA
403
40
MYA

索陆地
约4亿年前
植物星球
很久以前，蓝细菌就进化出了
光合作用。
它们能够利用二氧化碳和太阳能制造出能量（以碳元素为原料），并释放氧气。
（还记得那些叠层石吗？
它们在30亿年前做的就是这个。）
植物细胞也拥有这项本领。
它们有自己独有的法宝：
叶子。
植物正在改变这颗星球。
它们向大气中释放氧气。
它们的落叶覆盖地面，
在土壤中形成有机养分。
它们的根系将早期的
土壤维系在一起。
渐渐地，它们把地球从一个
只有棕色和蓝色的世界，
变成了一颗
蓝色和绿色的星球。
植物
变高啦！
396
MYA
395
MYA
菊石
森林覆盖
了陆地。
390
MYA
棘鱼
真掌鳍鱼
384
MYA
生命如此
繁盛（有许多
好看又好吃
的植物）。
邓氏鱼
381
MYA
提塔利克鱼
377
MYA
376
MYA
375
MYA

飞行在地球上非常受欢迎。没错，我们**昆虫**是第一个做到的！

一只巨脉蜻蜓正向着石炭纪的沼泽森林俯冲而下，它的翅展足足有72厘米！

昆虫通过名为“气门”的小孔来呼吸……

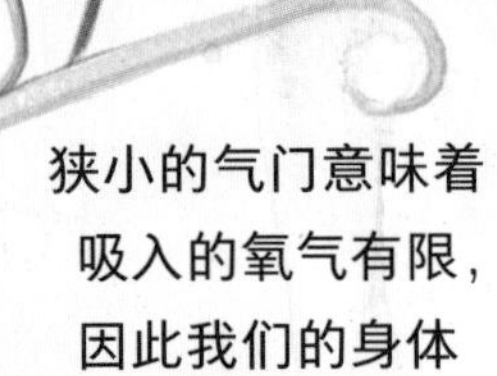

狭小的气门意味着吸入的氧气有限，因此我们的身体通常都很小。

如果周围氧气含量很高，气门就能吸入更多的氧气，那么昆虫的体形就会变得巨大无比……

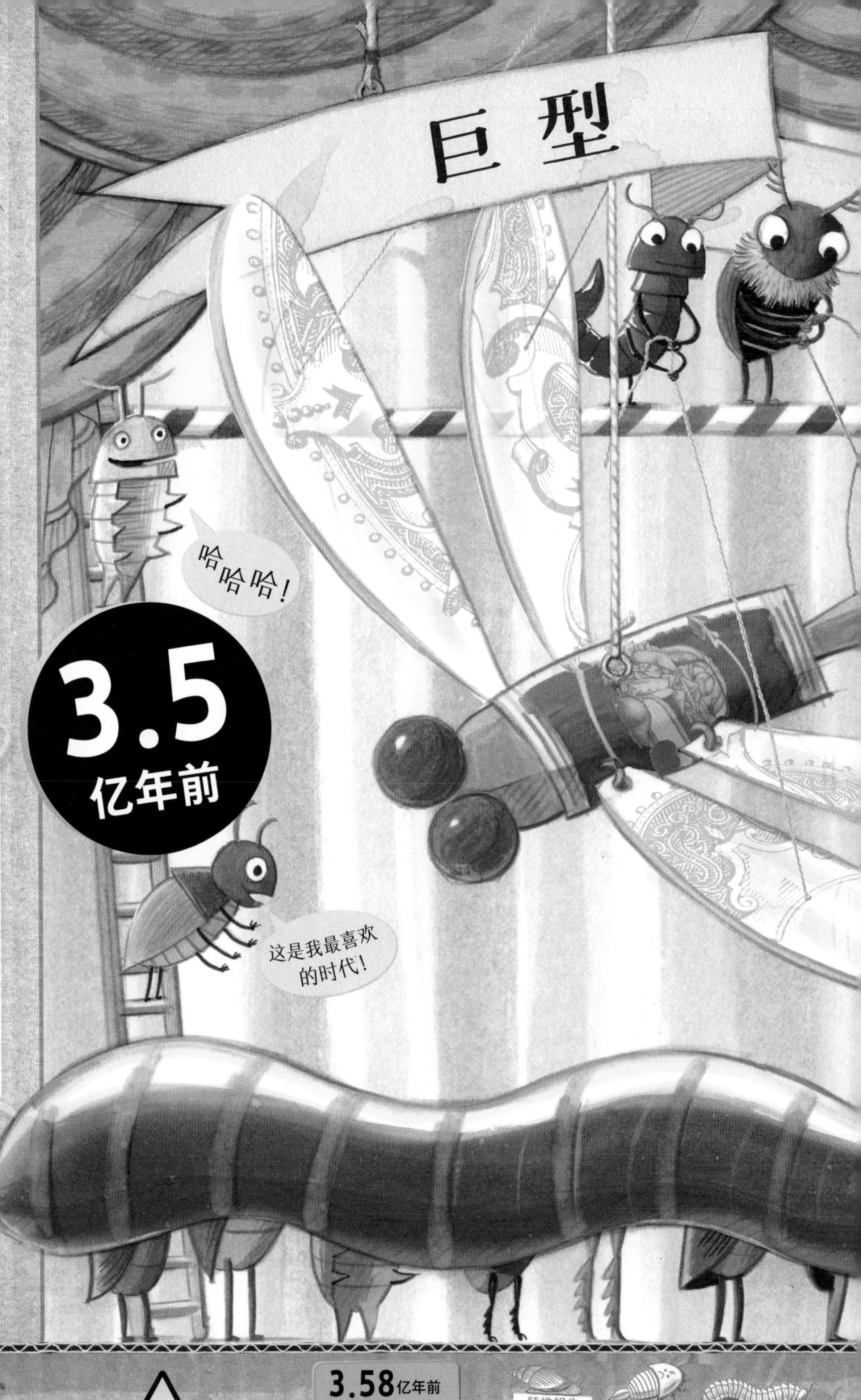

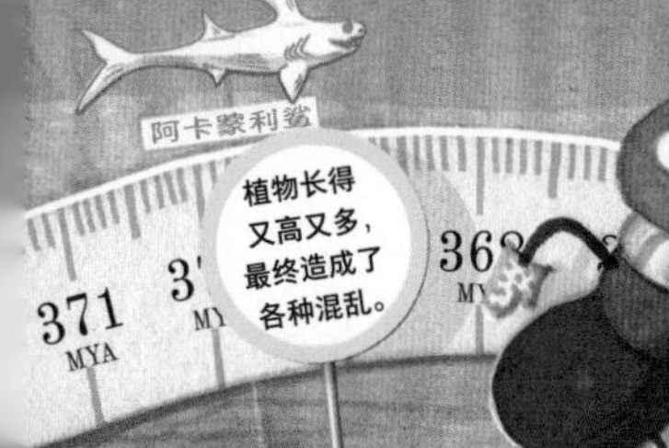

大规模的光合作用消耗了二氧化碳，地球变得越来越冷。

海洋温度骤降，这对于水中生物来说是个不幸的消息。

3.58亿年前

欢迎来到石炭纪。飞翔、爬行和跑步的时候请多加小心。

希伯特鲎

远古蜈蚣虫

359 MYA　356 MYA　355 MYA　354 MYA　353 MYA　352 MYA

3.5亿年前

昆虫时代

这时，陆地上遍布着美味可口的植物，
动物们纷纷离开海洋，
开始探索陆地。

快看——这是地球上
第一批飞行生物。

我们昆虫变成
巨无霸啦！

氧气大揭秘

是时候聊聊最活跃的化学物质——氧气了，并谈谈它是怎么让东西**燃烧**起来的。

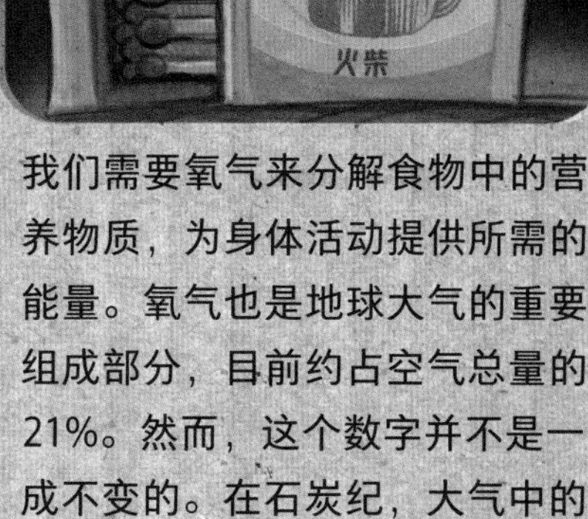

我们需要氧气来分解食物中的营养物质，为身体活动提供所需的能量。氧气也是地球大气的重要组成部分，目前约占空气总量的21%。然而，这个数字并不是一成不变的。在石炭纪，大气中的氧气含量达到了很高的比例。

为什么呢？
是谁让氧气变多了？

我来揭晓答案：
地球上的**第一批植物**。

蝾螈星球

还记得鱼类的肉鳍吗？
我们来看看，在鱼类进化成
四足动物的漫长过程中，
鱼鳍是如何变成腿的。

有史以来第一次，
长着骨头的动物开始在
陆地上游荡。它们就是
两栖动物。

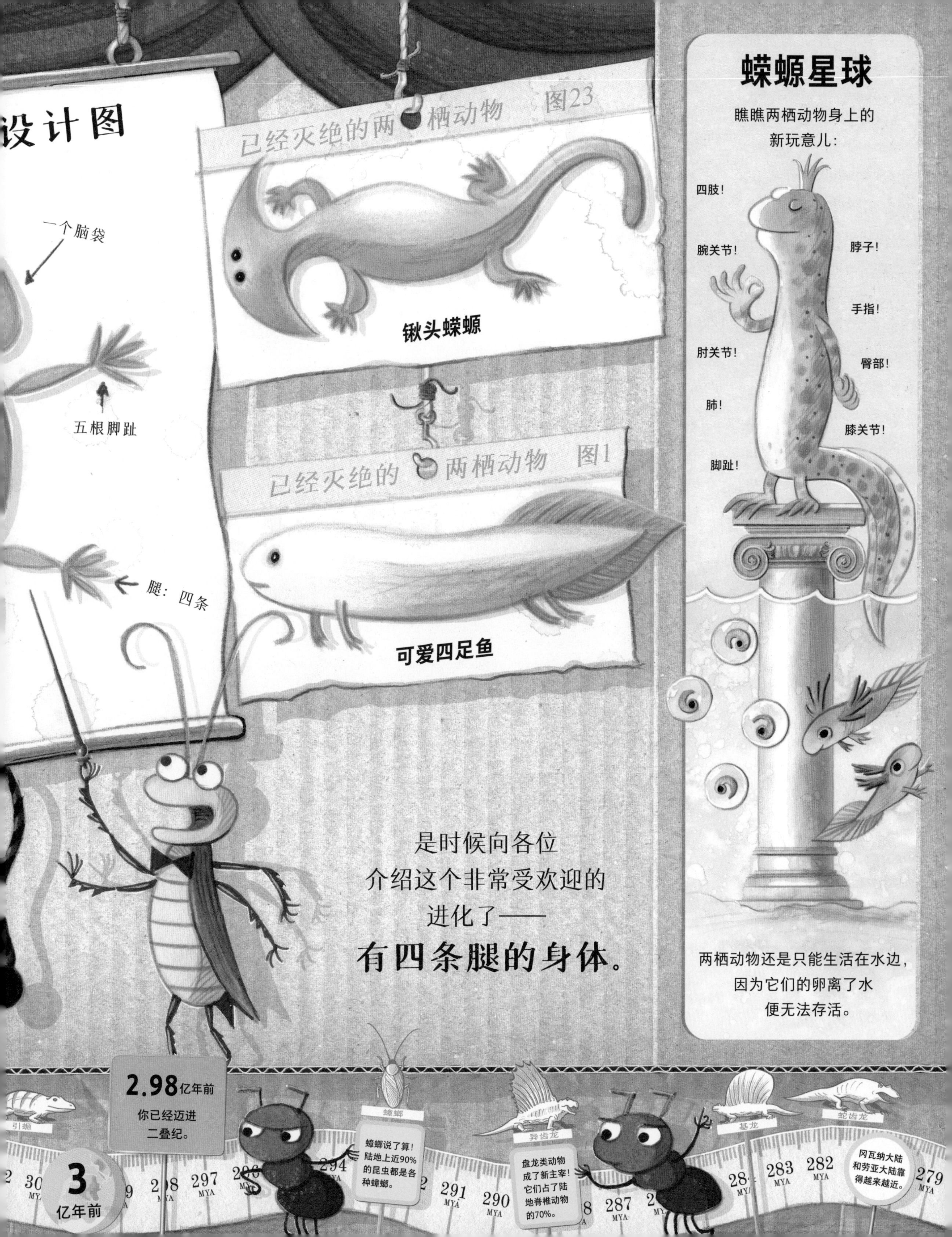

是时候向各位
介绍这个非常受欢迎的
进化了——

有四条腿的身体。

大灭绝

我们来看看为什么
2.52亿年前的地球状况，
对生命来说非常糟糕。
这时，陆地的各个板块
几乎连在一起，形成了
一个从北极一直延伸到
南极的超级大陆，
被称为“盘古大陆”。

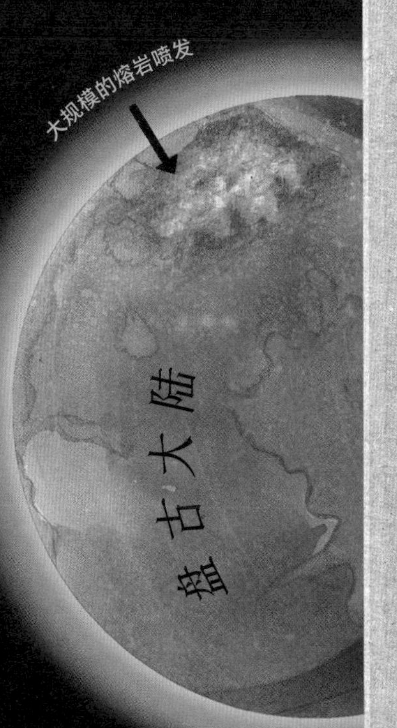

此时，巨大的熔岩流
喷发出大量的二氧化碳。
这些气体把地球裹得严严实实，
整个世界变得越来越热，
给地球上的生物带来了
可怕的灾难。

这么糟糕的**环境**下，
究竟还有哪些生物
能存活呢？

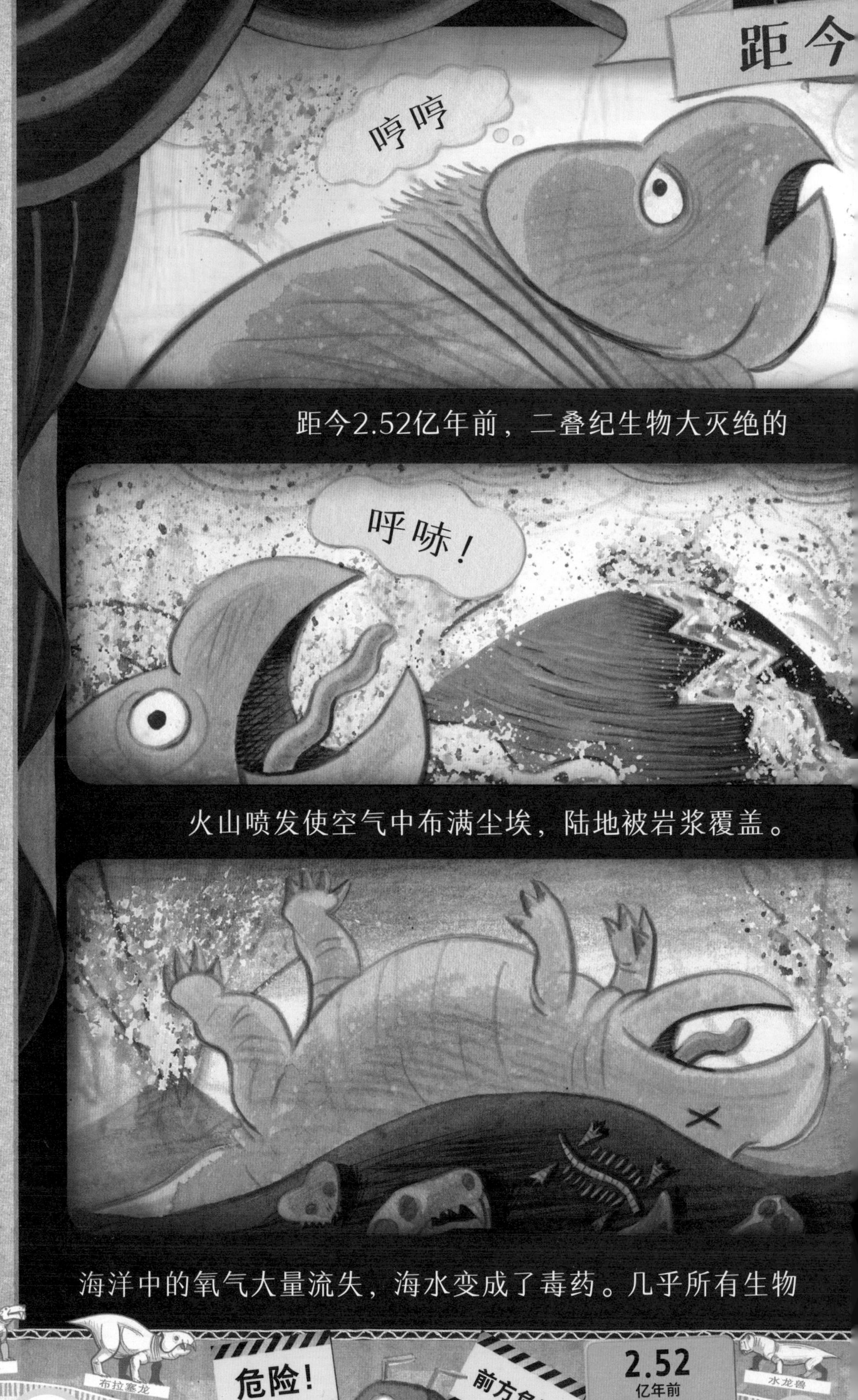

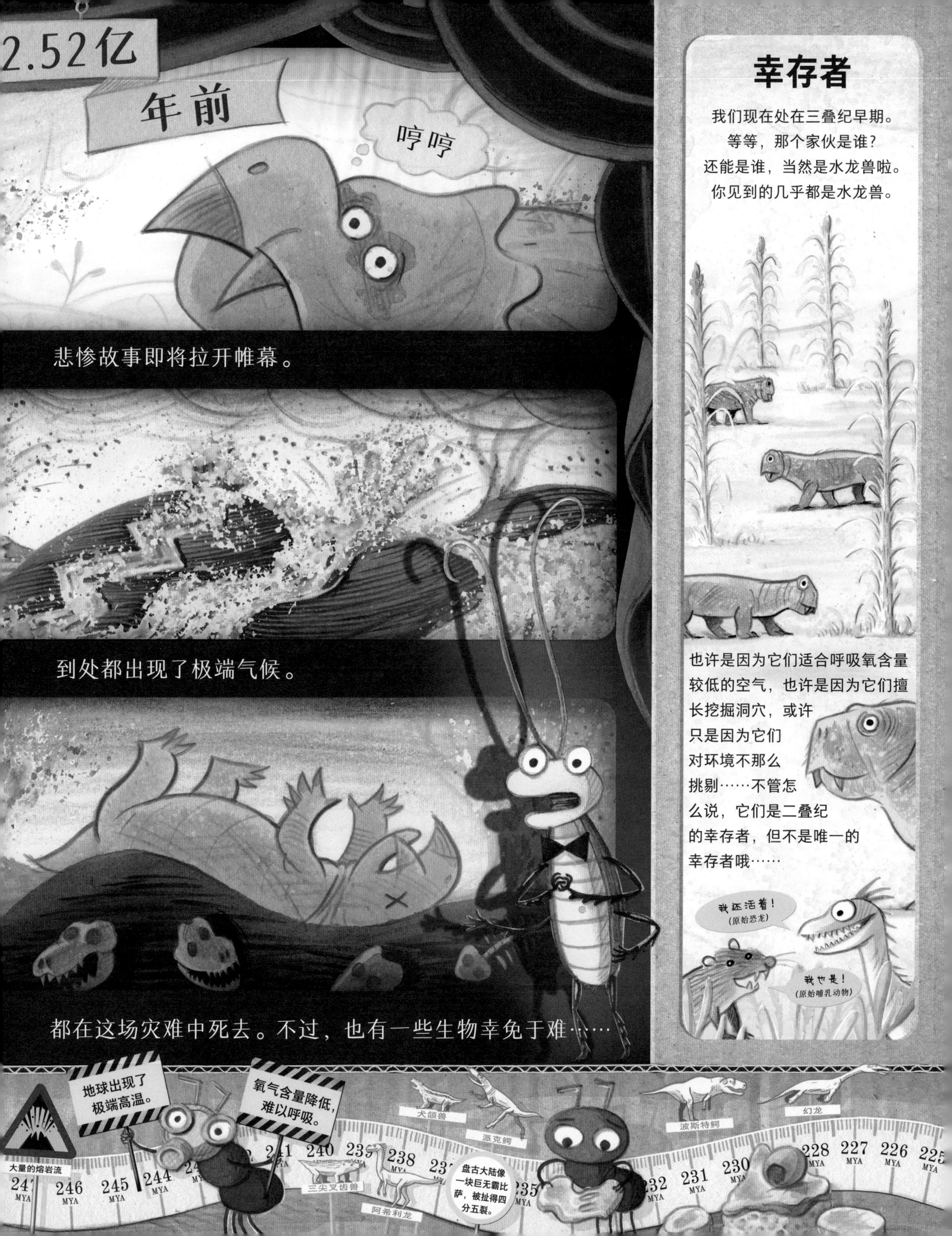
2.52亿
年前
哼哼
悲惨故事即将拉开帷幕。
到处都出现了极端气候。
都在这场灾难中死去。不过，也有一些生物幸免于难……
幸存者
我们现在处在三叠纪早期。
等等，那个家伙是谁？
还能是谁，当然是水龙兽啦。
你见到的几乎都是水龙兽。
也许是因为它们适合呼吸氧含量较低的空气，也许是因为它们擅长挖掘洞穴，或许只是因为它们对环境不那么挑剔……不管怎么说，它们是二叠纪的幸存者，但不是唯一的幸存者哦……
我还活着！（原始恐龙）
我也是！（原始哺乳动物）
地球出现了极端高温。
氧气含量降低，难以呼吸。
大量的熔岩流
犬颌兽
派克鳄
三尖叉齿兽
阿希利龙
盘古大陆像一块巨无霸比萨，被扯得四分五裂。
波斯特鳄
幻龙
246 MYA
245 MYA
244 MYA
240
238
231 MYA
230
228 MYA
227 MYA
226 MYA

卵
改变了一切

爬行动物不把卵产在水塘里，
而是进化出了
带有“水塘”的卵。

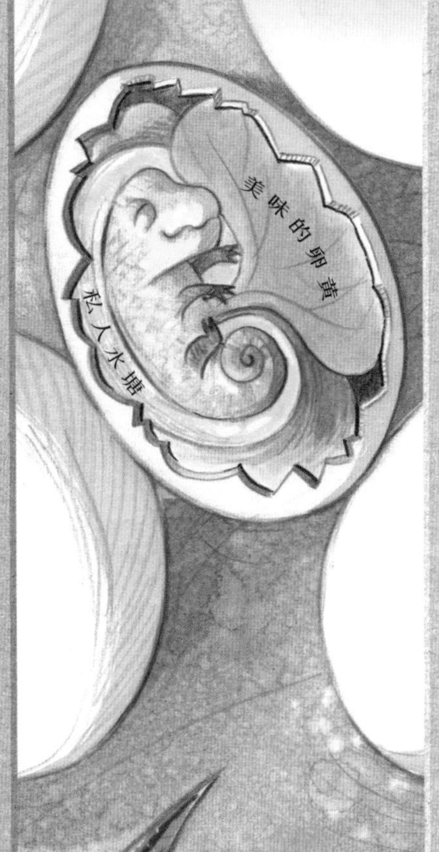

防水的外壳加上美味的卵黄，使爬行动物的胚胎在壳里很安全，可以长成一只完美的幼体。

的崛起

距今约2亿年前，
地球又恢复了生机。
爬行动物统治了这个星球——
从海洋到陆地，
再到空中。

有了坚韧的皮肤
和不透水的卵，
爬行动物就能四处游荡，
寻找可口的昆虫大餐了。

最好是在阳光充足的地方，
因为爬行动物很难保持体温，
需要通过晒太阳来取暖，
维持身体的活力。

2
亿年前

2.01
亿年前
欢迎来到侏罗纪。

鳄形超目的生物在气候灾难中遭受重创……

鱼龙
双型齿翼龙
双嵴龙
古蜻蜓
大带齿兽
蛇颈龙

199 198 197 196 195 … 191 … 189 188 187 186 … 183 … 181 180 179 MYA

巨兽星球
侏罗纪
1.5
亿年前
我们来看看
侏罗纪时期的一个上午。
一群蜥脚类恐龙正狂奔而过。
这时候的生物大得吓人。
用力拉！
嗯！
箭石
滑齿龙
菊石
异特龙
始祖鸟
1.75
亿年前
1.5
亿年前
暖和的
温室气候

巨兽
距今1.5亿年前，
这颗星球上有了迄今为止
体形最大的动物：
恐龙。
现在登场的是
一头巨大的蜥脚类恐龙。
吃点东西吧，
大块头！
当一头恐龙
有什么好处呢？
恐龙的
巨大优势
骨头里
有气孔，
骨骼因而
变得结实
又轻盈。
惊人的肺
部，能从
空气中摄
入大量的
氧气。
可弯曲的腿
部嵌入身体，
让它们健步
如飞……
不像这个四肢
向外侧伸展的
家伙。
1.45
亿年前
已经抵达白垩纪，
请小心慢走！
梁龙
腕龙
剑龙
南美大陆
和非洲大陆
渐行渐远。
禽龙
哺乳动物处
于动物社会
的底层。
始祖兽
1.15
亿年前

恐龙灭绝
倒计时

对生物大灭绝感兴趣的朋友们，好戏来了！这一回，引发混乱的可不只是地球自身的气候，还有来自地球外部不可预测的因素……

小行星
艾伦！

艾伦的直径约为10千米，比珠穆朗玛峰的海拔还大。它的飞行速度高达每小时10万千米左右。

107 MYA　小盗龙　104　孔子鸟　南美大陆和非洲大陆正在分离。　1 亿年前　大西洋正在形成。　蜜蜂　最早的开花植物　93　棘龙　90　89　沧龙　甲龙　全球性的温室气候。　87　86　85 MYA

这些恐龙压根不知道，
一颗巨大的小行星
即将撞击地球，
导致它们灭绝。*

*哦，也不是所有恐龙啦。
有些家伙幸存了下来，
其中一些进化成了
我们今天的鸟类。

恐龙灭绝
倒计时

艾伦离地球越来越近，
最终狠狠地撞向了墨西哥湾。

艾伦撞破地壳，
深入地下40千米，直达地幔，
留下了直径超过160千米的陨石坑。

撞击产生了
巨大的冲击波和火焰风暴。
尘埃笼罩着地球，
滚烫的岩块像雨点一样落下。
一切都在燃烧。
之后，地球又陷入黑暗，
迎来寒冬——
植物枯萎，动物成批死去。
天哪，真是太糟糕了。

尘埃最终消散。

一万年过去了，尘埃散去，
幸存的动物又回到地面，
在阳光下眨巴着眼睛。
这些幸运儿之前一直生活在
地下，其中有许多是
哺乳动物。

距今约

欢迎来到哺乳动物长廊

小行星引发的这场灾难，
给哺乳动物留下了
充足的生存空间。
现在轮到它们大展拳脚了……

在空中，

在树上，

在草地上，

在地下，

在水中，

还有
在冰面上。

哺乳动物

开始崛起！

哺乳动物去往世界的
每一个角落。为了生存，
它们尝试一切可行的谋生办法。

6600
万年前
欢迎来到古近纪，
请小心驾驶！

普尔加托里猴

全齿目

伊神蝠

肉齿目

麦塞尔达尔文猴

气候十分
温暖。

5000
万年前

到处都是
热带森林。

恐冠鸟

5000万年前
身长约21米的
鲸鱼
我们从杂志里
剪下一些动物的
身体部位，拼凑出
了几个哺乳动物。
普罗特
成为哺乳动物有
什么好处呢？
毛
嗯，大伙儿
都喜欢。
牙齿
类型多样，
可以用来研磨、
咀嚼、撕扯，
小口地咬，
或者大口地啃。
可用来
哺育幼崽。
乳汁
自身能够产生热量。
体温
恒定
所以就算天气寒冷，
也能维持正常的生理机能。
这意味着哺乳动物几乎能在
任何地方生存。
龙王鲸
古猫
北美犬熊
草原出现
渐新马
古兔
埃及重脚兽
细鼷鹿
糟糕的车技！
印度板块撞上了
亚洲板块……
喜马拉雅山脉
开始隆起。
千万年前
哺乳动物
时代
39
36
MYA
35
MYA
30
MYA
26
MYA
24
MYA
22
MYA
21
MYA

我们现在正站在冰河时期的平原上

气候寒冷又干燥，
没有一棵树，
只有数不清的野草。

为了活下去，
你得喜欢吃草才行
（要么去吃那些喜欢
吃草的家伙）。
长成一个毛茸茸的
大块头也可以。

2300
万年前
你已经抵达新近纪。

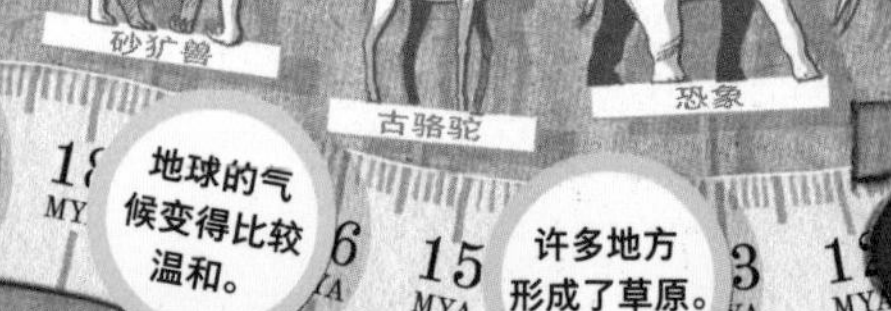

万年前（好冷！）

现在是冰河时期。
地球一次又一次地被冻成了
冰疙瘩。

从温室气候到冰室气候

地球自诞生以来，
大多数时期都处在温室气候下。
那时候，南极和北极没有冰川，
高涨的海平面淹没大陆边缘，
形成一片片温暖的浅海。

温室气候下的地球

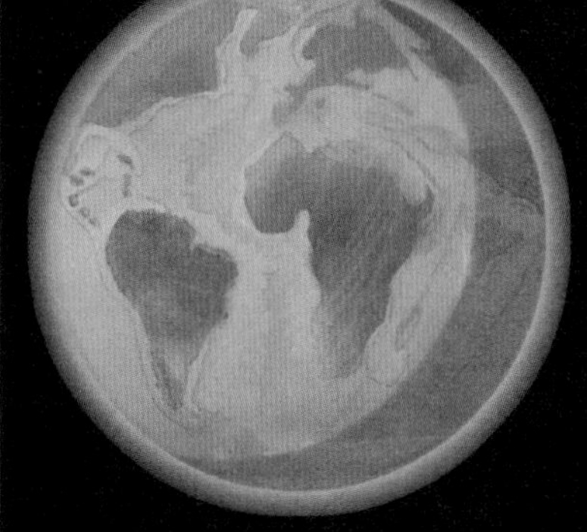

但也有一小段时期，
地球处于冰室气候下。
那时，两极完全被冰雪覆盖，
海平面变低，那些曾经被淹的
陆地变成了广袤的旱地。

冰室气候下的地球

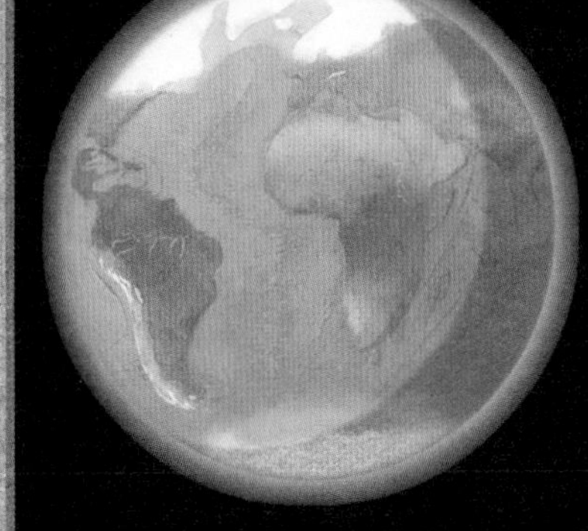

数百万年来，
地球时而冰封，时而解冻。
直到现在，我们仍处在
冰河时期的末期。

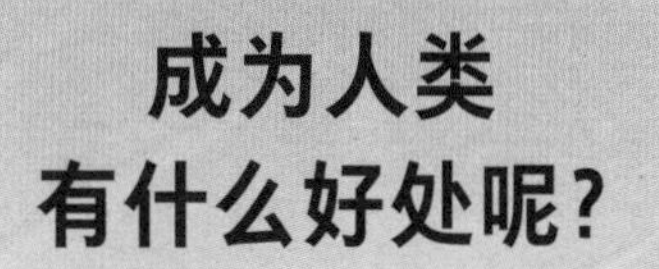

成为人类有什么好处呢？

来瞧瞧这个奇怪的动物吧，他们……

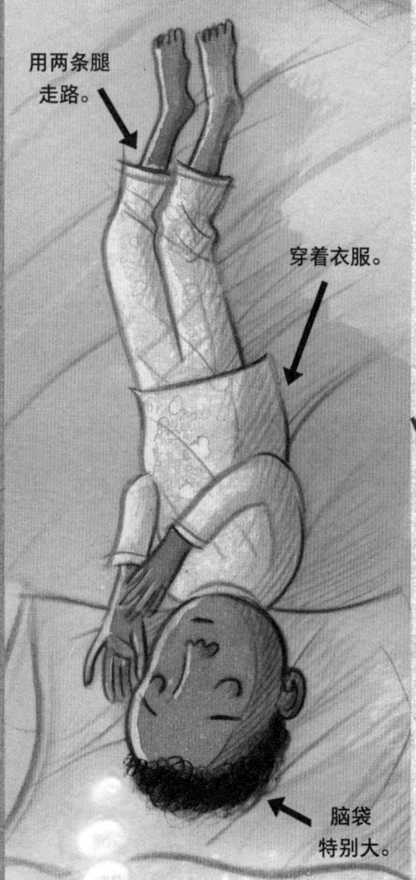

还有一种也许是最强大的超级本领：**想象力。**

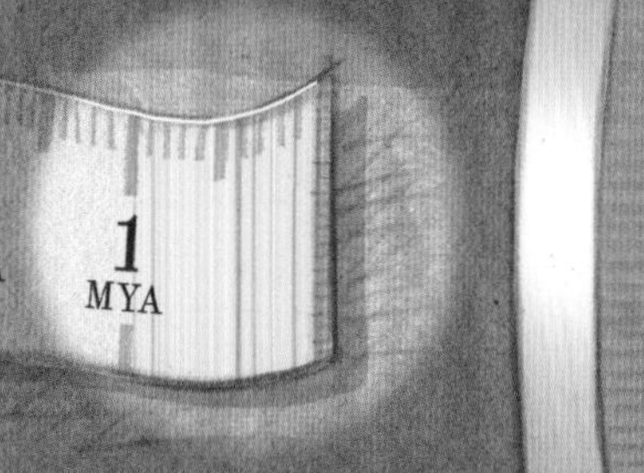

最后100万年

手斧

不然就会
错过哦！
的时代。
大约20万年前，
最早的人类出现了。
但直到200多年前，
他们才真正
开始忙碌起来。
成为人类
有什么好处呢？
因为有活跃的想象力，
人类非常忙碌。
下面是他们的一小部分发明：
烹饪食物
长矛
衣服
器皿
字母表
书籍
钟表
钢琴
椅子
柠檬酥皮馅饼
数字
科学
纸
地图
照片
塑料
农业
人类改变了地球，
并重新赋予它不一样的内容。
人类36%
家禽
家畜
60%
野生哺乳
动物4%
人类时代的公元2020年
全球哺乳动物比例分布
看，时间卷尺上
的最后100万年
里，地球气候一
直都是冷暖交替。
30
万年前
20
万年前
10
万年前
5
万年前
1
万年前
尼安德特人
智人

我好晕，
我的脑袋在游泳……
事实上，
我整个人都像在
一锅汤里游泳……
汤里满是
活生生的动物！
《物种起源》
生命如此壮观！
这是时间卷尺上的最后一毫米……
就这么一点哦！
最后10万年
9 万年前
全球气候不断变冷。
8 万年前
多巴火山的喷发带来了持续6年的冬天。
7 万年前
6
5 万年前
乳齿象
恐象
巨河狸
大地懒

哦……
罗德？
我们有个疑问，
演出结束了吗？
极度严寒
有史以来
最厚的积雪。
11 700年前
欢迎来到全新世。
好好享受温暖宜人
的气候。
家猫
蒸汽机
问世。
人类使用
化石燃料，
排放大量
二氧化碳
……
猛犸象
大角鹿
恐狼
剑齿虎
巨型动物开
始神秘消失。
10 000
年前
人类开始
耕作。
5000
年前
家犬
1000
年前
鸡
地球再次
升温。
这是我们对过去
10万年的近距离
观察。

10亿年后

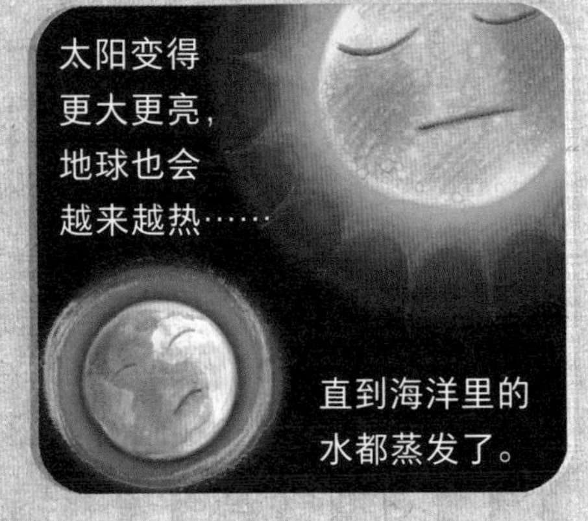

40亿年后

80亿年后

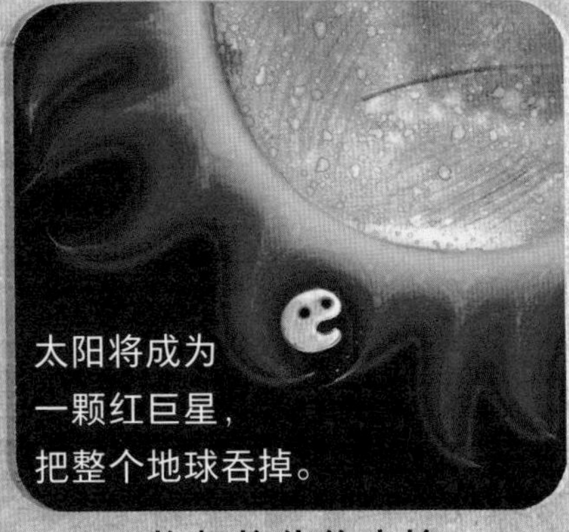

万物都将化作尘埃。

接下

我们已经读完这本
百科全书，
地球上不可错过的精彩演出
即将落下帷幕。

其实，地球的寿命
刚过去一半，
而留给地球上的生物去
探索的时间
还有大约5亿年。

来呢？
5亿年能发生
许多许多的事情。
毕竟过去发生的
一切犹在眼前。
因此，我们
来看看地球在未来
究竟会变成
什么模样吧。
地球
纪念品
与此同时，
咱们也得瞧瞧
不久的
将来
地球上的生物还将度过
5亿年的岁月。
天晓得会发生
些什么。
啮齿动物飞上太空？
蛇类统治
地球？
昆虫称霸一方？
蘑菇主宰
世界……
甚至，超出所有人的想象……
未来的人类
说不定能与世间万物和谐相处。

派对
博维斯
46
原味

各位，我想说的都说完了！
帷幕即将落下，
让我们为剧团演员们献上热烈的掌声！
尽管演出到此结束，
但地球仍将继续书写它的
生命传奇！

欢迎查阅术语表

你能在这里了解书中出现的一些词语。

两栖动物：它们通常长着四条腿，在水中产卵，一生中至少有一段时间在水里度过。

气候：某一地区在较长时间范围内的平均天气情况。气候常以气温、降雨量和日照等要素来衡量。

喜马拉雅山脉：位于中国、巴基斯坦、印度、尼泊尔和不丹等国的巨大山脉。

冷凝：气体遇冷变成液体的过程。空气中温度较高的水蒸气遇到温度较低的物体时，就会凝结成液体附在物体表面。

冰河时期：这一时期，地球上大部分地区被厚厚的冰川覆盖。

节肢动物：它们的身体外部覆盖着一层被称作外骨骼的坚硬物质。昆虫、蝎子、螃蟹和蜘蛛都是节肢动物。

熔岩：从火山口或是其他地表裂缝中流出的高温黏稠的岩石。这些黏稠的岩石在地底流淌的时候，被称作“岩浆”。

小行星：围绕太阳运转的、主要由岩石构成的天体，体积比行星小得多。

肢：动物的手臂、腿或翅膀。

大陆：地球上由海水隔开的巨大陆地。

岩浆：地底尚未喷出的熔岩。

大气层：包裹住地球的气体圈层，如今主要由氮气和氧气构成。

德干高原：印度半岛的主体，由大约6600万年前的火山喷发带来的大量熔岩形成。

磁场：磁性物体周围受磁力影响的区域。地球的磁场是由地核内的电流产生的。

蓝细菌：一种微生物，能够利用太阳能和空气中的二氧化碳获得能量，并释放氧气。也被称作蓝藻。

指(趾)：动物的手指或脚趾。

元素：同类原子的总称。氧、碳、铁和金都是元素。

碳：这个重要的元素在所有生物体内都能找到，它非常容易和其他元素结合。钻石和石墨都是不同形态的碳。

哺乳动物：这类动物体表通常覆盖着毛皮，拥有恒定体温，胎生并能够分泌乳汁哺育幼崽。

百科全书：一本包含所有相关信息的书籍，信息按一定顺序排列。

地幔：位于地壳和地核之间厚厚的圈层。大陆像巨大的冰山一样漂浮在地幔上。

二氧化碳：一种空气中少量存在的气体。它是一种温室气体，能吸收地表发出的长波辐射，让地球变得更暖。它也是植物光合作用的原料之一。

蒸发：液体获得足够的能量转变成气体的过程。例如水遇热后变成水蒸气。

生物大灭绝：短期内在较大地域范围内发生的大批物种灭绝的现象。

排泄：身体排出废物的过程，通常由专门的孔洞负责。

巨型动物：在特定历史时期内，地球上存在过的体形非常大的动物（通常指陆地上的动物）。现在的巨型动物包括大象、长颈鹿和犀牛等。

微生物：体形微小的生物，人们只有靠显微镜才能看到它们。能使面粉发酵的酵母菌就是一种微生物。

啮齿动物：一种哺乳动物，长着又长又锋利的门牙。

分子：由两个或两个以上的原子（宇宙万物的最基本要素）构成的新物质。水分子（H_2O）就是由两个氢原子和一个氧原子组成的。

冲击波：由爆炸或地震释放的一种能量波，可以通过空气或是地面传播，威力十分惊人。

乐池：位于剧院舞台前方的区域，乐师们通常在那里演奏乐器。

太阳风：太阳射出的高速移动的带电粒子流，笼罩着整个太阳系。地球磁场保护我们免受太阳风的侵害。谢天谢地！

氧：占地球大气21%的化学元素，对于动物和植物来说必不可少。

超大陆：拥有一个以上陆核或克拉通的大陆，由多个大陆板块漂移拼合而成。

光合作用：生物（尤其是植物）利用太阳能将水和空气中的二氧化碳转化成它们需要的糖类等有机物并释放氧气的过程。

四足动物：拥有四肢（手臂、腿或翅膀）的动物。爬行动物、两栖动物、鸟类和哺乳动物都属于四足动物。

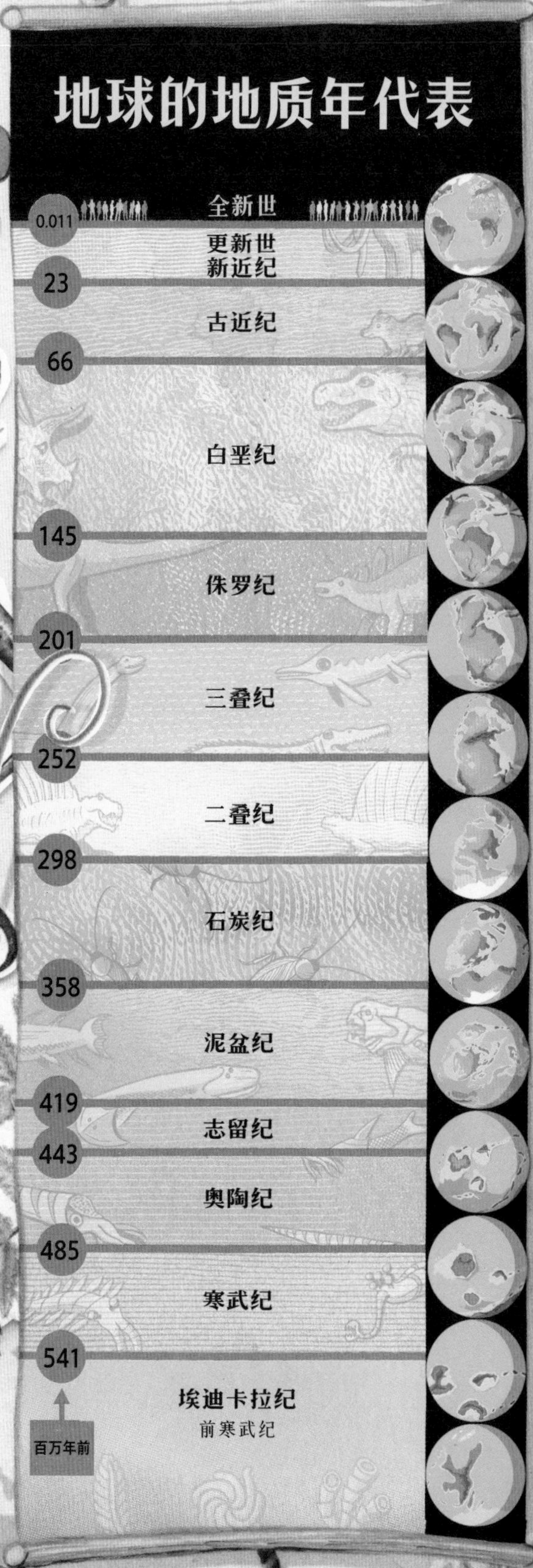

板块构造：在地球内部地幔流动等因素的作用下，大陆板块在地球上运动的过程。

捕食者：猎杀其他动物并以它们为食的动物。

红巨星：经历膨胀和冷却之后濒临死亡的恒星。

爬行动物：体温不恒定，身上布满小而坚硬的鳞片，通过产卵繁育下一代。蛇、蜥蜴和鳄鱼都是爬行动物。

地球的地质年代表

全新世
0.011
更新世
新近纪
23
古近纪
66
白垩纪
145
侏罗纪
201
三叠纪
252
二叠纪
298
石炭纪
358
泥盆纪
419
志留纪
443
奥陶纪
485
寒武纪
541
埃迪卡拉纪
前寒武纪
百万年前

献给赫比
(以及牛津大学自然史博物馆，这里是本书的灵感来源)。
——米妮·格雷

特别感谢保罗·史密斯教授和大卫·沃尔萨姆教授
的慷慨相助。

科学审订：陈晶 古生物学与地层学博士

版权合同登记号 图字：22-2022-037

图书在版编目（CIP）数据

地球上不可错过的精彩演出：生命简史 /（英）米妮·格雷文图；朱墨译. -- 贵阳：贵州人民出版社，2023.4

ISBN 978-7-221-17332-4

Ⅰ. ①地… Ⅱ. ①米… ②朱… Ⅲ. ①地球—少儿读物 Ⅳ. ①P183-49

中国版本图书馆CIP数据核字(2022)第183618号

地球上不可错过的精彩演出：生命简史
DIQIU SHAGN BU KE CUOGUO DE JINGCAI YANCHU SHENGMING JIANSHI

策划 / 蒲公英童书馆
责任编辑 / 颜小鹂 执行编辑 / 陈 晨
装帧设计 / 王艳霞
责任印制 / 郑海鸥
出版发行 / 贵州出版集团 贵州人民出版社
地址 / 贵阳市观山湖区会展东路SOHO办公区A座
电话 / 010-85805785（编辑部）
印刷 / 鸿博昊天科技有限公司（010-87563716）
版次 / 2023年4月第1版
印次 / 2023年4月第1次印刷
开本 / 889mm×1194mm 1/12
印张 / 4.75
字数 / 59千字
定价 / 79.80元
官方微博 / weibo.com/poogoyo
微信公众号 / pugongyingkids
蒲公英检索号 / 230010100